U0387729

中
国
精
致
建
筑
100

筑境

筑境

中国精致建筑100

徽州乡土村落

张十庆 撰文摄影

中国建筑工业出版社

出版说明

中国是一个地大物博、历史悠久的文明古国。自历史的脚步迈入新世纪大门以来，她越来越成为世人瞩目的焦点，正不断向世人绽放她历史上曾具有的魅力和光辉异彩。当代中国的经济腾飞、古代中国的文化瑰宝，都已成了世人热衷研究和深入了解的课题。

作为国家级科技出版单位——中国建筑工业出版社60年来始终以弘扬和传承中华民族优秀的建筑文化，推动和传播中国建筑技术进步与发展，向世界介绍和展示中国从古至今的建设成就为己任，并用行动践行着"弘扬中华文化，增强中华文化国际影响力"的使命。从20世纪80年代开始，中国建筑工业出版社就非常重视与海内外同仁进行建筑文化交流与合作，并策划、组织编撰、出版了一系列反映我中华传统建筑风貌的学术画册和学术著作，并在海内外产生了重大影响。

"中国精致建筑100"是中国建筑工业出版社与台湾锦绣出版事业股份有限公司策划，由中国建筑工业出版社组织国内百余位专家学者和摄影专家不惮繁杂，对遍布全国有历史意义的、有代表性的传统建筑进行认真考察和潜心研究，并按建筑思想、建筑元素、宫殿建筑、礼制建筑、宗教建筑、古城镇、古村落、民居建筑、陵墓建筑、园林建筑、书院与会馆等建筑专题与类别，历经数年系统科学地梳理、编撰而成。本套图书按专题分册，就其历史背景、建筑风格、建筑特征、建筑文化，结合精美图照和线图撰写。全套100册、文约200万字、图照6000余幅。

这套图书内容精练、文字通俗、图文并茂、设计考究，是适合海内外读者轻松阅读、便于携带的专业与文化并蓄的普及性读物。目的是让更多的热爱中华文化的人，更全面地欣赏和认识中国传统建筑特有的丰姿、独特的设计手法、精湛的建造技艺，及其绝妙的细部处理，并为世界建筑界记录下可资回味的建筑文化遗产，为海内外读者打开一扇建筑知识和艺术的大门。

这套图书将以中、英文两种文版推出，可供广大中外古建筑之研究者、爱好者、旅游者阅读和珍藏。

目录

徽州乡土村落

徽州，地处皖南山区，古称新安，是一历史悠久并有相当稳定性和独立性的区域。早在秦始皇统一六国之时，这里即设黝、歙二县。唐大历四年（769年）所确立的州领六县之制，即州领歙、休宁、黝、婺源、绩溪和祁门六县，从而奠定了徽州此后一千年的"一府六县"的基本建置。

徽州的发展至明清时期达其鼎盛，形成了独特、灿烂的徽州文化，被誉为"东南邹鲁"和中国封建社会晚期的一颗"夜明珠"。而与之相应的徽州古代村落，在形成和发展过程中也因此表现出独特的意义和特点。

徽州乡土村落的特色在于其独特的历史背景、优美的自然风土和个性鲜明的居住形态。考察徽州村落，首先要研究徽州村落的历史，而研究徽州村落的历史，地理环境则是一个较好的切入点。顾颉刚先生说："历史好比演戏，地理就是舞台"（《禹贡》发刊词），徽州的历史发展正是最好的例证。"徽之为郡在山岭川谷崎岖之中"（顾炎武《天下郡国利病书》）。"山峭水厉"的徽州，山地丘陵占其十分之九，这个特殊的地理环境在相当程度上影响了徽州社会的发展，进而使其村落形成了独特的面貌。

山区本身即是一个易于保持民族习惯和历史传统的区域。相对独立的徽州文化及其乡土村落风格的独特和民俗、民风的古朴，正是徽州地域性特征的一种表现。另一方面，徽州的发展又依赖着其独特的地理条件——蜿蜒于山谷盆地间的新安江及其支流，它似一个文化的纽带，在特定的社会、历史的条件下，融合了几大文化的特点，形成灿烂的徽州文化——以古越文化为起点，

图0-1 徽州的青山秀水
迷人的自然风土和山水景色，形成了徽州村落建筑环境的独特景观和魅力，昔日梁武帝盛赞的"新安大好山水"，又素有"人世桃源"之美称。图为黝县卢村往宏村途中的山水景色：青峰连绵，碧流如带。

图0-2 呈村降远眺（歙县）
独特的自然地理环境，是徽州山村的一个要素，在这山环水绕之地，大小山村星罗棋布。群山环抱中的呈村降即是其中的一个较大型的山区聚落。

与吴楚文化共饮一水，并随着东晋开始的三次北人南迁，又经历了中原文化的改造，在明清两代达其鼎盛。文化的融合与渗透给徽州乡土村落面貌及人们的生活方式以深深的影响，我们可以在徽州村落上找到各种不同文化的痕迹和烙印。

"多难兴邦"可以说是徽州经济、文化发达的一个注解。苛刻的自然条件，既限制了他们，又玉成了他们。"新安居万山中，土少人稠，非经营四方，绝无治生之策"（《五杂俎》），杰出的一代徽商是徽人的典型和代表。徽商经济是历史地构成徽州文化发展的主要基础。徽商经济的兴起和强盛，成为徽州村落发展与兴盛的最主要与最直接的因素。

与雄厚的徽商经济并称的是其发达的文化。这里是"程朱阙里"，历史上名贤辈出；这里也是新安画派、新安医学、徽剧的发源地；这里有崇尚读书的传统，登第仕途者众。清代歙县、休宁的"连科三殿撰，十里四翰林"以及"五世一品"等更是名盛一时，不愧"东南邹鲁"之美誉。经济与文化的相融共荣，构成了徽州村落繁盛的基础，正所谓："人得地灵，地缘人美"（《礼村戴氏统宗谱》）。

深厚的文化和强大的经济，在这山环水绕之地中，孕育出一颗乡土文化的明珠。今天我们所见到的徽州村落，基本上是形成于明清两代的村落的遗存和余晖，那往昔的灿烂和繁盛，都随悠悠岁月而流逝，惟几百年来生生不息、延续至今的古老村落，作为其历史和文化的载体和见证，仍透露出昔日繁盛的影子，记述着徽人的生活和徽州史上灿烂的一页。于今而言，这一保存相当完整的徽州村落，成为我们认识和探究乡土村落文化的一个的难得的活标本。

图0-3 黟县关麓村
青山绿水，蓝天白墙，是徽州山村给人的第一眼印象。在青山绿水蓝天的映衬下，连片白墙分外醒目，构成徽州山村所独具的一种景观和风采。古老的民居群，充满着质朴纯净的韵味。

一、村落景观的特色

村落景观的特色

筑境 中国精致建筑100

村落景观是一个时代风尚和观念的印记，明清时期徽州村落的人文景观更是别具特色，成为这一时期徽人生活方式和居住形态的忠实写照和典型表现。

生活环境的性质和特色，在很大的程度上取决于居住者的营生之道。徽州自然条件的限制，反而促使徽人突破了狭小的山村去谋生，以经商获利来弥补生活资源的不足。正所谓"天下之民寄命于农，徽民寄命于商"。因此，徽州村落在相当程度上脱离了对农业的依赖，其成员中的相当一部分，也从观念意识和生活方式、情趣等方面脱离或超越了一般农人的境界而较接近市井、文人和官僚阶层。加之，村落还是徽商衣锦还乡的享乐之地及官僚文人告老还乡或身退隐居之处，这些都极大地影响其村落景观的性质和特色，从而与一般乡土村落异趣。

明代中期是徽州村落发展的一个里程碑和转折点。徽商经济的崛起与强盛，是其最根本的基础和动因。徽商集团以经营盐业为中心，腾飞于中国商界，与晋商分霸于江南江北，即所谓"富室之称雄者，江南则推新安，江北则推山右"（谢肇淛《五杂俎》）。徽州村落也

图1-1 跨溪亭榭（歙县呈村降）/对面页
溪水穿流，是徽州村落的特色之一，而临溪大宅跨水所设的一小巧亭榭，在徽州村落的高墙深巷中，则显得甚为别致。墙内墙外，庭院花窗，流水小榭，别具情趣。也是一般乡土村落所少见的景致。

徽州乡土村落

村落景观的特色

筑境 中国精致建筑100

图1-2 桂溪村图（局部）

此图描绘的是清嘉庆年间歙县桂溪村的繁盛景观，村中大量的文化园林建筑，是其景观的一大特色。据《桂溪图记》中记载了村中大量的园林书舍、亭阁馆堂，以及寺院社屋和宗祠家庙。溪山毓秀，沿溪形成一园林风光带。（摹自《桂溪项氏族谱》）

在这样的背景下与徽商经济同步发展而达兴盛，至清末民初，繁盛时期达三、四百年。以嘉庆年间的歙县桂溪村为例，其"望衡对宇，栉比千家，鸡犬桑麻，村烟殷庶。祠年报本，有社有祠。别墅花轩与梵宫佛刹，飞甍于茂林修竹间，一望如锦绣。而文苑奎楼腾辉射斗，弦诵之声更与樵歌机杼声相错"（《桂溪项氏族谱》）。这是徽州村落鼎盛时期景观的一幅较典型的写照。

徽州风俗向以敦厚、淳朴著称，然在明中期以后的社会潮流的冲击下，很快地由"民不染他俗"转而逐步地为市井风俗所潜移默化，淳朴渐易以侈靡，其程度远甚于其他乡野

图1-3　室内彩画雕饰（黟县关麓村某宅）

彩绘雕饰是徽州人居环境特色的表现之一，在徽州村落的许多高门大宅中，大多可见这类装饰，其重点又多在正厅堂处，天花施以彩画，装饰构件更是精雕彩绘，华彩富丽。如图示黟县关麓村某宅室内的天花彩绘和雀替斗栱。

图1-4 室内小木作雕饰（黟县卢村）

"富甲江南"的徽州，室内装饰尤以木雕为盛
为精，如图黟县卢村某富商大宅室内的窗扇壁
板以满雕精致木刻的形式装饰，表现出浓厚的
富贵之气和园林化情调。

图1-5
雄村竹山书院文昌阁（歙县）
书院、文会等是徽州村落中
最重要的文化教育建筑，而
文昌阁和魁星楼又往往成为
其中多见的点缀。雄村竹山
书院，昔日会文讲学之所，
其"竹山"名取自其厅联
"竹解心虚学然后知不足，
山由箦进为则必要其成"，
以勉后学之士。厅旁凌云
阁，重檐八角，上下两层，
上祀文昌帝君，魁星面对；
下祭关羽、关周二将。

图1-6　西递村胡文光石坊
（黟县）/对面页
石坊林立，是徽州村落景观
的一大特色，其主要形成和
兴盛于明清时期，西递村首
所立胡文光刺史坊建于明代
万历六年（1578年），是当
年西递村人文兴盛的写照。
坊前后中间分别镂刻有"胶
州刺史"与"荆藩首相"四
个大字，石坊为四柱三间五
楼，造型宏伟，雕刻精美。

村落，甚至可同市井相比。商贾是徽人的"第
一等生业"（《二刻拍案惊奇》），徽商行贾
于名都大邑，亲临繁华逸乐之所，这对其家乡
村落建设无疑产生了巨大影响。同时这还与商
人衣锦还乡、光宗耀祖的观念，以及其享乐的
作风和观念是分不开的。"十年辛苦饱尘沙，
只见秋风不见家；今日归来篱落下，莫将醒眼
对黄花"（《新安歙邑西沙溪汪氏族谱》），
诗中描写的正是徽商的艰辛及其返乡享乐的心
态。由此构成了相应的村落景观特色。其最典
型的表现正如《歙县志》所载："商人致富
后，即回家修祠堂，建园第，重楼宏丽。"在
徽商这种观念意识的支配下，村落的建设往
往产生一种畸形繁荣的景象。村落中宗族性建
筑、文化性建筑以及园林池馆别墅，远较它处
村落为多，并且多以炫耀性为特征，反映了商
人的典型心态。明清时期"富甲江南"的徽
州，其村落景观也因此表现出乡土村落所少见
的富贵之气和园林化情调。

浓厚的文化气息是徽州村落景观上的另一重要特色。在这里，与经济繁荣相并行的是文化昌盛，所谓"十户之村，无废诵读"（嘉靖《婺源县志》），"远山深谷，居民之处，莫不有学有师"（道光《休宁县志》）。经济是文化昌盛的基础，贾而好儒，成为徽商的一大特点。贾为厚利，儒为名高，两者相融一体。徽商更以其雄厚的资本办教育，兴建文化建筑，从而文会、书院、文昌阁、魁星楼、戏台等遍布山村，形成了村落独特的人文景观。

徽州村落景观的特色，更在于其独特的包容相融性，即在村落景观上，我们既可看到表达商人典型心态的反映，同时又深深渗透了文人官僚的情趣，斗富与尚雅这两种情趣和心态并行。这里既有素朴的田园风光、隐居小舍，又有奢侈富丽的宏楼宅园、池馆亭榭；这里既是世外桃源，但又带有市井的奢靡之态，表现出自然美与雕琢美的共存。在这里强大的经济力量、深厚的文化传统和优美的山水三者相得益彰，正如清末民初诗人黄节对之所作的概括："名山尚富金银气，环堵犹闻雅颂声"（《蒹葭楼诗集》）。

金银气与雅颂声的完满结合，概括了徽州村落景观的最具特色的表现。

二、桃花源里人家

徽州乡土村落

桃花源里人家

筑境 中国精致建筑100

图2-1 渔梁人家（歙县）
青山秀水是徽州村落环境景观的特色和园林化的基础。图为歙县渔梁附近的散户山村人家，点缀于青山秀水间，水天一色，相融一体，仿佛画中。

　　徽州素有"山水奇秀，称于天下"（《弘治徽州府志》）的美誉。自然山水之美以及依山傍水的总体环境，构成了徽州村落的自然基础。在这青山秀水间，独特的徽州文化，创造了与之相适应的理想生活环境。徽人从"始愿而朴"趋"俗益向文雅"（《新安志》），所以注重和追求精神文化上的享受，这一切必然折射在其生活环境上，明清时期徽州村落的园林化正是其表现之一。

　　雄厚的经济、发达的文化和优美的自然环境，为徽州村落园林的产生和发展提供了基础和条件。其村落园林形式丰富，大小随宜。常见的几种存在和表现形式是：祠堂园林、第

a

b（张振光 摄）

图2-2 南湖风光（黟县宏村）

秀丽的南湖风光，尤为宏村的园林化增色，所
谓"南湖秋月"，即为宏村八景之一。背负青
山、面湖而设的南湖书院（清嘉庆十九年，
1816年建），是南湖风光的主景，白墙灰瓦
映于水中，山水建筑融为一体，湖畔"湖光山
色"小楼，正成点睛之笔。

宅园林、书院园林、水口园林、自然风景园林等。如歙县的雄村即以园林闻名（竹山书院花园、菲园等）。其他村中较著名的园林有休宁隆阜曹家花园、歙县唐模小西湖、歙县南乡小南海等，多热衷于对山外胜地名园的模仿。黟县碧山村培筠园为一宋代园林遗址，是南宋枢密汪勃的别业（《黟县志》）。

由于徽商行贾经营地域的特点，其村落园林在风格和做法上大体反映的是江南一带以及扬州等地园林的特点。扬州以园林闻名，即是与居扬徽商大肆构园建宅分不开的。由此徽州园林与扬州园林的关系当最为密切。进一步而言，徽州村落园林化倾向的产生，也与明清时期江南所出现的园林热有直接的关联。

在创造理想生活环境的过程中，更为突出和更具意义的是村落整体环境的园林化。山水之美是徽州村落总体环境的基调，"家在黄山白岳间"，是一个多么美好和充满诗意的家园环境意象。在选择和创造居住环境时，他们是将居地四周视野所及的自然景致，融合为一个有机的整体环境来看待，这可称是中国传统的环境观。许多村落即以所谓四景、八景的形式来概括和咏赞其村落优美的环境景观，如"西递八景"、"桂溪十二景"、"棠樾四景"等。这种如诗如画的村落整体环境意象，

图2-3 西递八景图（黟县）

家族谱中大量的村景诗及村景画，表露了徽人对理想生活环境的追求及对自然山水的偏好之情，

西递八景图即描绘了村中的八个主要景点，充满诗情画意，所谓"新安人近雅"，在此表露无遗。

（摹自《西递明经壬派胡氏宗谱》）

西递八景：罗峰隐豹；天井垂虹；狮石流泉；驿松进谷；夹道槐荫；沿堤柳荫；西馆燃藜；南郊秉耒

筑境 中国精致建筑100

图2-4 宅中庭池水榭（黟县宏村）

别具匠心的水系是宏村的特色，村中牛肠溪
水，穿墙入院，汇为庭池，临池又筑水榭。小
小庭园，别有闲情逸致。

正是其园林化的重要表现形式。而徽人对家园
自然山水的依恋之情，更强化了这种园林化的
情调，家族谱中所记载的大量村景诗及村景画
即是这种情调的一种表露。面对这世代生息之
地，他们表现出无比的满足和赞叹："美哉居
乎，乐斯地矣"（乾隆《济阳江氏宗谱》）。
黟县西递村人的自诩"桃花源里人家"，更表
现出对家园青山秀水的欣赏和陶醉。

图2-5 西递西园（黟县）
小院深深，圆洞花窗，石台盆景，虽院小景单，
然表露的却是主人的幽雅情趣。

　　明清时期徽州村落显然在物质与精神享受
方面大大地超越了同时期的一般村落。园林建
设即是一突出表现，如其富商宅第庭园，即多
池馆亭榭、别墅花轩和雕梁画栋。而与商人情
调异趣的是其以文人、官僚为代表的宅第，更
注重的是情调的创造，追求环境的幽雅，纵情
于村落山水林泉之间。这类宅第庭园的环境选

择、布局以及所表现出来的情调和意义，都对村落园林化景观和风格有重要的作用和影响。然徽州毕竟地狭人稠，与其大量住宅相伴的多是宅园小庭。开一小池，设一景窗，置一盆景，花轩亭榭，题额设匾，同样创造了优雅的生活环境。而大量公共性文化建筑，如书院书馆、文会、文昌阁、魁星楼、文峰塔等，伴随着青山秀水遍布村中，使得村落环境上的文化气息和园林化情调更加突出。

徽州村落景观的优美，还与风水的作用相关，风水独特的审美情趣很为山村景观增色。它们是风水观念中和谐、统一的思想和审美观的体现。

图2-6
西园花窗（黟县西递）
石雕是徽州装饰艺术的代表形式，且在景墙花窗上的表现最为精彩和突出，村中院墙上随处可见的雕刻精致、形式各异的石雕花窗，最显灵气，别具情趣。

三、徽州村落的形态与形成

图3-1 西递村全景鸟瞰（黟县）/前页

西递村是一典型的大规模集居型聚落，在环村山水形势的围
合与限定下，村落基形演化为成熟的块状形态。图中所见是
衰败后的西递村全景（1985年），即使如此，仍颇具规模，
大体保留了明清时期村落的基本结构。

祁门历口

祁门渚口

祁门雷湖

徽州村落在从形成到发展为一定的规模
的过程中，其形态的构成和演变具有相当的个
性和规律。我们知道村落的形态不但受制于自
然条件，而且同时也与社会、习俗相关，从而
形成各种不同类型的村落形态。村落形态的类
型，若以集合度划分，可分为集居型与散居型
两大类。徽州因其特殊的背景和条件，则以集
居型为其村落的典型代表和主要形式。从明清
两代村落来看，不但以集居型为主，且规模一
般又都较大。聚族而居观念是徽州集居型村落
形成的最主要的原因。此外，向来聚居之制与
营生之道不悖，徽人的"第一等生业"——经
商，亦在很大程度上使徽人脱离了对土地的依
赖，从而有可能集居于一处。若再以其形态本
身的几何形式分之，则又可分为三种类型，即
点状聚落、线状聚落和块状聚落。其中点状聚
落属散居型，线状与块状聚落属集居型。块状
聚落是徽州村落最主要的形式。

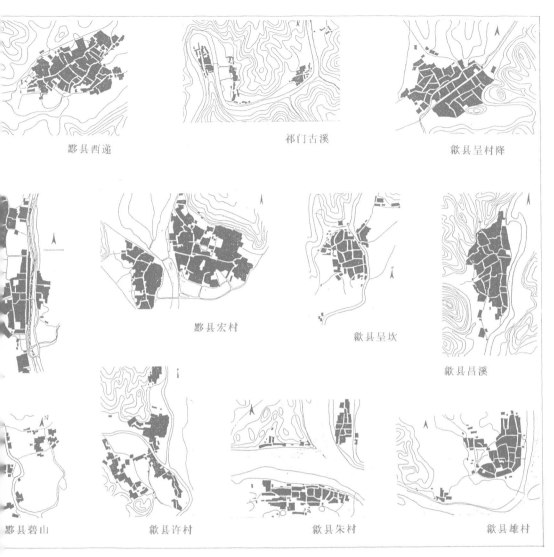

黟县西递　　　　　　　　祁门古溪　　　　　　　　歙县呈村降

黟县宏村　　　　　　歙县呈坎　　　　　　歙县昌溪

黟县碧山　　　　　歙县许村　　　　　歙县朱村　　　　　歙县雄村

图3-2　山水形势与村落形态举例

山区环境对村落形态是一个明显的影响因素，
依山傍水与背山面水，表明了山、水对村落形
态的限定及其形成发展的总原则，这也是几千
年来传统居住环境的总格局。图中诸例表现了
各种山水形势下村落形态的不同形式和特点。

徽州村落的形态与形成

山区聚落自有其特点，环境是一个明显的影响因素。概括起来，用地狭窄、防御性，以及与山水的密切关系，是山村形态最典型的三个特征。在构成上，山、水与村落的交融一体，并成为村落形态构成的基础和限定性要素。在具体形势之下，山、水与村蒋形成了各种错综复杂的关系。可以说，有多少种山水形势，就产生多少种不同形态的村落。

关于村落的总体形势，在确定村基前，往往由风水师对其四周的总体环境如山水形势、定向、方位、与村的关系都作具体的观察与分析，最终择定村落总体环境。其环境形势一般应该是倚坐山，面朝山；坐山似龙，朝山如屏，狮象山把守水口，溪流似金带环抱等。由此形成了徽州村落总体环境形势的特色。依山傍水与背山面水，说明山、水与地形是限定村落形态的基本要求和总原则。

图3-3 逐水而居的临水村落（歙县渔梁）

逐水而居表明了徽州村落形成和发展的一个基本特色，沿河溪而扩展的歙县渔梁村，即是这样一个典型之例。古人所云"面阳而筑居，缘溪而辟径"正是对这种居住形态的概括，歙县渔梁村的特点在于，其临溪而筑居，路径夹于里侧。

图3-4 散户小村（歙县刘村）

徽州万山中，星罗棋布地散落着许多散户小村，如图烟雨迷濛下的孤伶小村，为歙县呈坎附近的刘村。这类小村多倚所谓来龙山脚而筑居，渐成小型村落并有可能不断向外扩展，这是徽州村落由小到大发展的一个基本形式。

一个成熟的村落形态，是在山与水的限定与围合之下逐步形成的。山、水与地形等元素在空间上的围合与限定就确定了村落形态的基形，如线状村落即与河溪及道路有密切的关联。在初始阶段，其村落往往表现为点状聚落或沿水流和山脚的线状聚落，随着发展以及聚族而居的凝聚作用，大多村落形态发展成块状形式。另一方面，山村用地狭窄这一特性又迫使人们利用一切可用之地，因而由点、线状发展而来的块状村落，在演变过程中，其形状也就越来越与山水所围合的空间形状相趋近和吻合。

此外，山水不但限定了村落的形态，其另一重要功能是作为村落的防御性屏障，从村落与山水的关系之间，明显地反映出了对防御的需求。如休宁茗洲，群山环绕，山溪穿流，村如一叶扁舟，其间无固定的渡桥，而是以一种临时性的"船桥"来往。

图3-5 歙县昌溪村总体平面
歙县昌溪村是一由来龙山脚下逐渐发展而成的大型块状聚落的好例，其背山面水的块状村落形态，在作为其总体环境的山水形势的引导和限定下，与总体空间形状十分吻合和有机。

四、逐水而居

图4-1 呈坎环村溪流
（歙县）
风水对村落结构的影响极
大，甚至可以改变水道或
改变原地貌。如呈坎前罗
于宋建祠时（文昌祠），
即为照应风水，不惜于河
上筑石坝，将河水改道，
绕祠前而过（《呈坎前罗
氏族谱》）。图中所见环
村河溪，即改道后所谓的
"冠带水"。

　　徽州的水系以新安江为主干，其支流密
布，纵横交错，形成密集的水网。众大小村
落，星罗棋布，皆沿支流山溪，依山傍水而
设。逐水而居，即从一特定角度表现了徽州村
落生活与水的密切关系。水既是限定和构成徽
州村落形态基形及骨干的要素，水同时也是徽
州村落的命脉。因此，徽州村落的选址及村落
水系的规划就显得格外重要和别具意义。

　　河流与溪水是村落形态构成上的一个要
素。在村落选址及规划营造中，人们常基于实
用及观念上的需要，对其形状、方位、流向等
提出种种要求，以期达到改善村落总体环境以
及趋吉避凶的目的，同时也为村落的发展开拓
了良好的基础。歙县呈坎村水系的规划及其村
落形态的变迁，即是一例。呈坎罗氏始祖文昌
公和秋隐公于南宋时迁居于此，定居葛山脚
下。其时基地形势为一溪水沿山脚而流。此后
兄弟二支人口渐繁，分成前后二罗夹溪而居，

图4-2 黟县宏村总平面图

宏村背倚雷岗山，前临双溪碧水，其水系规划别具匠心，由村后引入的溪水，沿石砌小渠，穿流于村中，如牛肠潆回，村中为一月塘，村外又有南湖，独特的水系成为宏村结构上最具特色的要素，也形成了村落优美的景观。

图4-3　宏村月塘（黟县）

宏村月塘，系由村中一天然泉水扩掘而成，与村中溪流及村外南湖相连通，其形如半月，故称，是宏村独特水系的重要构成部分，月塘位于村中部，四周民宅环绕，绿水、蓝天、白墙相映衬，景色优美。

图4-4　溪水穿流（黟县卢村）/对面页

逐水而居的徽州村落，皆依山傍水，其山溪多环绕而行，也有穿流而过者，如黟县卢村即是。穿流而过的河溪，往往成为村落布局的主干，缘溪辟径，民宅再沿溪两岸排列，这几乎成为徽州山村布局的一种模式。

以溪为界分出前后二罗之领域。然此溪水大大限制了以背山面水为基本格局的村基用地，又因风水师言其水形对村成冲射状，不吉。于是罗氏不惜财力，于溪上筑坝使溪水改道，绕祠堂前而过（《呈坎前罗氏族谱》）。此水系规划和改造之举不但扩大了村基，而且将原冲射状水形改为大吉的冠带形，呈坎村由此得到了良好的物质环境条件，明清时期成为歙县的一大繁盛聚落。

黟县宏村的水系规划和改造，更是典型和闻名。据宏村村志及宗谱记载，宏村汪氏始祖于南宋绍熙元年（1190年）"卜筑数椽于雷岗之下"，是为宏村之始。当时这一带"幽谷茂林，蹊径茅塞"，邕溪沿雷岗山脚由西至东，村西另有羊栈河从北往南。汪氏祖先"精堪舆，向谓两溪不汇西绕南为缺陷，屡次欲挽以入内，而苦于无所施"（《宏村汪氏宗谱·南湖纪实》），恰南宋德祐年间，暴雨引起邕溪改道，与羊栈河汇西绕南，很如汪祖之意。

筑境 中国精致建筑100

图4-5　村边小桥流溪（歙县呈坎）
傍水而居的徽州山村，跨溪小桥是其一独特的景观，流溪小桥，形式别致，为山村平添一份情趣，这类小桥一般多是活动性的，遇山溪水流较大时，可拆卸，以免被山洪冲走。

水系的变迁为宏村提供了很好的发展基地，村呈背山面水之势。明永乐年间，宏村进行了总体水系规划，三聘休宁海阳镇地理师何可达，"巧工追琢，十载治成，遍阅山川，详审脉络"（《宏村汪氏宗谱·月沼纪实》），将村中一天然泉水扩掘成半月形月塘，并从村西河中"引西来之水南转东出"。明万历年间，又将村南百亩良田掘成南湖，至此宏村水系规划改造完善。这一水系由村西邕溪引入，经九曲十弯，穿庭入院，流经月塘，再往南汇入南湖。规划改造后的村落环境为村的发展提供了良好的基础，明清时期宏村"烟火千家，栋宇鳞次"，成古黟"森然一大都"（《宏村汪氏宗谱·南湖纪实》）。

图4-6　缘溪辟径——形式一（歙县呈村降）/对面页
在村落规划上，面阳筑居，缘溪辟径，是一基本的原则，因而村中路径多与溪流并行。其结合的形式亦多样，如图即为歙县呈村降一例，其形式为路中式，是较主要的一种形式，一般多用于空间较宽敞干道上。

在总体形势上，宏村的水系，还别具情趣：村之形态有如水牛横卧其间，遍及全村的流溪水渠，如牛肠潆回，南湖则似"牛肚"。这是一个独特的村落水系，其景色亦优美如画。月塘南湖，清泉流溪，庭园水榭，构成了独特别致的宏村水系和水景，有诗如此描绘这一景色："何事就此卜邻居，月塘南湖画不如；浣汲何妨溪路远，家家门巷有清泉。"

　　徽州山村，逐水而居，各村都有溪水河流穿越环绕。水成为徽州村落最不可缺的要素，在水系规划上，村中溪流多取与路并行的形式，如其溪流或在路下，或在路侧，或在路中，或交替变化，其中尤以路侧式最多见。水、路一体，是徽州村落水系的一个显著特点。

图4-7 缘溪辟径——形式二（歙县呈村降）
这是村中道路与溪流结合的另一种形式，即路侧式，其溪流一侧临路，一侧则紧挨宅基，一般多用于空间较狭小的路段上。图中沿溪道路狭窄，两侧宅墙高耸，是徽州村落典型的景观。为取得较宽敞的空间效果，也有在溪上铺石板成路者，如此则形成路下式的形式。

五、村落的结构

图5-1 住宅群外观（黟县西递）

一个完整的住宅单元，是以住宅主体与伙房和猪圈等辅助体构成。以分炊为实质性标志的分家观念及其习俗是影响住宅单元及村落结构的重要因素。分家分炊打破了原有的组织结构，村落组团布局和结构的复杂性，在很大程度上是由于辅助用房的多变和杂乱。

村落结构的组织形式及其发展和演变有其一定的规律，其构成的组织细胞是基于宗族系统之上的。在发展过程中，当其规模达相对饱和状态时，则发生裂变，将过剩的人口宣泄出去。也即族中的某一支或若干支独立而出，另卜地而居，形成新的村落，就像老树上被风吹出去的种子一样。这是徽州村落结构及其群落发展演变的主要方式。其母村与子村的分化和演变，在形式上呈一循环过程。文献所称"余乡地狭人稠，世家巨族散处于郡之四郊，星罗棋布，远近相望也"（清《绩溪纲常遗泽录》），描述的正是这种村落群的分布状况。

村落结构是若干要素相互间以一定的关系组合而成的整体，尽管村落形式千变万化，但其结构关系则是基本相同的，均可以那么几种模式概括之。村落的整体布局是组织结构上的最大一个层次，体现出一种强烈的追求和象征意义，即村落整体轮廓与所在地形、地貌及山水取得自然的和谐，并于整体形象上寄托特定的象征意义。其中既有体现吉祥与祖先的象征意义，也有表现出对某种有意味图案的模拟，寓意其中，如宏村拟牛、西递拟船等。水口是山区村落结构的一个构成要素，其在村落结构中的关系也最为确定。水口特定的位置、形势以及独特的功能和意义，使之成为徽州村落的门户与标志。

村落结构的主体还在于建筑组团及其层次的构成，其中关系到多种因素的作用，诸如宗族观念、风水观念、土地私有观念、地理环境因素等等。具体表现有这样一些规律和特点：

1. 风水观念是村落构成诸要素间相互关系的重要依据。在村落结构组织的诸方面，无不打上风水观念的烙印，风水堪称村落结构组织上的观念法式。

2. 村落的空间领域划分，是以宗族观念为决定和支配性力量的。以祠堂为中心的居住圈及其相应的住宅组团是村落结构的最大构成单元，血缘的亲疏则是划分组团群落的标准。家庭是宗族构成的基本单元，在各家族领域中，分家习俗不断地分割着住宅组团，产生新的相对独立的家庭单元，这些都极大地影响了村落组团的布局与结构。

3. 人们常以地理条件来解释村落布局的不规则现象，实质上观念的作用为其根本原因，其中尤以土地私有观念为最主要。分家习俗与寸土必争导致农田与宅基形状的畸形。巷的形成及其形状就是一个很好的实例。它大多是由相邻住宅各让一个屋檐滴水而形成的，而这与

图5-2 高墙深巷（黟县西递）

高墙深巷，或是徽州村落令人感受最深之处。纵横交错的巷道，构成了组织村落结构的经纬网络，如歙县呈坎即有所谓99条之说。

图5-3 宅间屏墙（歙县呈村降）

在乡土社会中，住宅组团间的相互关系，有时较单体住宅本身更为重要。呈村降两宅之间门向的相互冲突，除将门向偏斜之外，又通过屏墙的设置，而得以化解。村落形态的组织结构，就是在相互作用及牵制中形成。

田埂的产生是完全类似的。狭窄弯曲的小巷和田埂，都是土地私有制和占有欲的产物。强烈的土地占有欲产生不规则的建筑用地，在不规则用地上建筑布局的总原则即是尽一切可能占满用地。于是不论任何形状的用地，都能以规整的一颗印住宅和随宜的辅助建筑的巧妙组合与之相吻合。其结果也就是形成钝角、锐角及缺角的住屋形式和街道，以及建筑与建筑之间无明显的对位、平行、垂直的关系和限制。整齐与美的要求大大小于风水和土地占有欲的力量。

4. 村落结构和布局的变化来自于单元与单元之间的组合，而单元本身则相对稳定和程式化。在乡土社会中，人与人之间的利害关系在一定程度上往往转而表现在建筑上，从而造成单元与单元关系的意义和重要性加强，相应形成变化多端、错综复杂的相互关系，而单元本身则经千锤百炼而趋于定型。

六、聚族而居

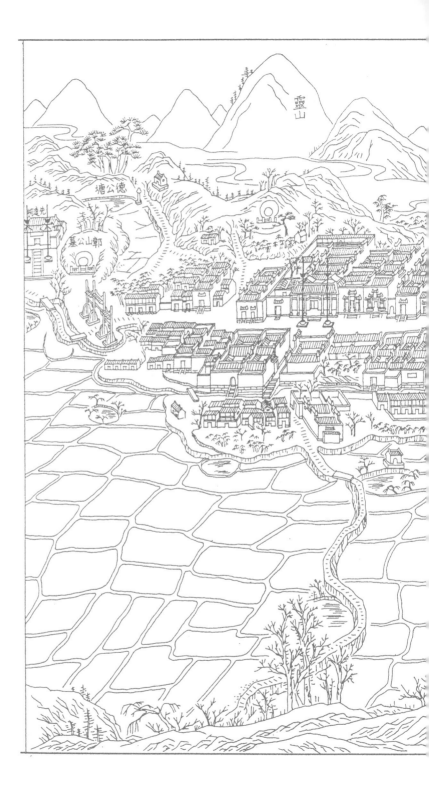

聚族而居

徽州乡土村落

筑境 中国精致建筑一〇〇

御碑

龙山

慈孝堂

进贤桥

半月桥

钱贤冈

七星墩

聚族而居

筑境 中国精致建筑100

图6-1 棠樾村全图/前页
歙县棠樾为鲍氏氏族聚居村,族的力量十分强盛,村口一连七座牌坊,即是为旌表棠樾鲍氏"忠孝节义"而建,其时,鲍氏宗族十分的荣耀。牌坊的尽头是鲍氏祠堂广场,有敦本祠、世孝祠和女祠清懿堂。(清嘉庆《宣忠堂家谱》,转引自《徽州古建丛书——棠樾》)

宗法制度,是中国传统的以血缘关系决定人的社会组织方式,徽州村落的社会组织及其相应的村落空间结构,即是建立在这种以血缘关系为基础的宗法制度之上的。历史上,徽州素以发达的徽商经济、强固的宗法势力、昌盛的封建文化这三大特色而著称,尤其是宗法祠堂之制,虽"巨族世家多有之,惟新安为盛"(《桂溪项氏族谱》)。在自称"程朱理学之邦"的徽州,其影响更大,上至社会组织形式、观念意识形态,下至生活空间领域、建筑形制环境,无不深深烙上宗法制度的印记。

徽州的世家大族,多系历史上由中原迁移而来,有着严密的组织。所谓"衣冠之族"、"阀阅之家"比比皆是。其宗族组织形式,是按族长、支长、房长、家长这样不同的层次划分为规模不等的血缘组织。各以其长为中心,以祠堂为象征,以血缘关系相联系,形成完整的宗族组织。村落的基本组织结构,在很大程度上就是宗族组织形式的反映和表现。徽州村落的繁荣和发展,亦主要是依靠宗族的力量推动的。

宗法制度在村落和建筑上的表现,概括言之,即是所谓的"聚族而居,同祠而祀"。从形式上来看,所谓"聚族而居"的村落,即是由单一血缘宗族相聚居而形成的聚落形式。这种血缘与地缘的重合,表现为单姓村。"新安各姓,聚族而居,绝无杂姓搀入者,其风最为近古"(赵吉士《寄园寄所寄》),描述的正是这种聚族而居的风俗。据宗谱记载,其时

图6-2 鼎盛时期（嘉庆、道光）西递村全景图
西递为胡氏村落，据宗谱载：胡氏之族以天干
为十派，宋元丰间，壬派五世祖自婺源考水迁
来此间，自宋至清七百数十年，积三十余世
族，繁衍支丁近三千人，村头"胡文光刺使
坊"为明代万历年间所建。村中央为胡氏总
祠，全村原有20余座祠堂，现存七座。（摹自
《西递明经胡氏壬派宗谱》）

徽州乡土村落

聚族而居

图6-3 呈村降全景鸟瞰
（歙县）
徽州大姓聚族而居，其村落
烟火千家，栋宇鳞次，一派
繁盛景象。关于这类情景，
文献中有如下记述："入新
都境内，见村落不二、三
里，鸡犬相闻，居民蜂房，
鳞次若鏖市。然一姓多至千
余人，少亦不下数百"。如
图呈村降，亦是其一。

"每逾一岭，进一溪，其中烟火万家，鸡犬相闻者，皆巨族大家之所居也。一族所居，动辄数百或数十里，即在城中者，亦各占一区，无异姓杂处。以故千百年犹一日之亲，千百里犹一父之子"（光绪《石埭桂溪宗谱》），这是世家大族聚居的村落情形。

典型的徽州村落构成和组织形式是按宗派划分生活区域的，其各区域以支堂为中心，而全村则以总祠为中心，由此形成村落结构的基本主干。这种以各级祠堂为中心，以血缘关系为基础，以宗法制度为背景的生活秩序及相应的组织结构，构成了徽州人典型的生活居住形态。

在徽州宗法社会中，相应于"聚族而居"的是"同祠而祀"。对于血缘村落而言，最重要和最具意义的建筑——宗祠，是一村的礼制和祭祀建筑，成为一村一族的精神维系和象征所在，所谓"姓各有宗祠统之，岁时伏腊，一

图6-4 呈坎村总平面图（歙县）

歙县呈坎村，为罗姓二兄弟一同迁居于此而
始。由此形成村中二罗兄弟子孙后代聚居的两
大区域，分称"前罗"与"后罗"。前后罗各
以自己的支祠为中心，而村中的罗氏总祠则为
全族合祀祖先之处。

姓村中千丁皆集。祭用文公家礼，彬彬合度"（《寄园寄所寄》）。其"千丁皆集"处，即为宗祠。

作为一村族众祭祖团拜之处和教化执法公庭的宗祠，多"居一村之雄胜"（《绩溪庙山王氏谱》），且巍峨高大，华彩绚丽。祠又有宗祠、支祠及家祠之分。徽州各村祠堂林立，牌楼高耸。如黟县西递村宗族共有九大支，即建有大小祠堂三十余所。也有以若干支祠集中设置，而形成一个祠堂群，这在徽州亦多见。

图6-5 祠堂门楼
（歙县呈坎）
祠堂是一村一族中最重要的礼制和祭祀建筑，一村中巍峨高大、华彩绚丽者莫过于祠堂。在其外观上，门罩门楼则是其重点装饰部位，祠堂的性质、规模和地位，由此一望，大体可知。该例是砖砌四柱三间五楼的贴墙牌楼。

七、卜地而居

图7-1 渚口总体形势与山水格局（祁门）

以风水观念而论，这是一典型的吉地，背倚龙脉，面对朝山，水形如冠带环绕，尤吉，自古以来，"背山面水"在中国传统的地景观念中是一基本吉形。

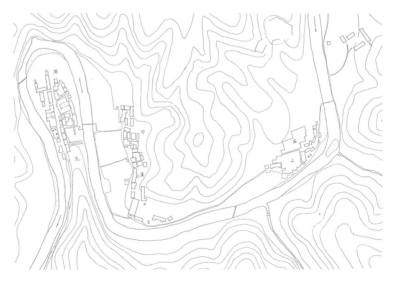

图7-2 村落的形势与布局（祁门古溪）

在村落形态上，选址是一个最基本的问题。除物质环境的利弊以外，在风水系统中它还关系到村落及宗族兴衰。此祁门古溪图表现的是依山水形势而置的村落群。其总体格局是依山傍水和背山面水，再可参见图3-2诸例。

图7-3 村落形势（歙县呈坎朱村头）

"背山面水"是徽州村落的基本格局，村落在山水的环抱下，形成了一个良好的生活环境。"背山"为一村之依托，其山脚往往是村落的发源地，徽州村落多是从来龙山脚向外扩展的。

　　历史上徽州是一风水盛行之地，文献上即有"徽尚风水"、"风水之说，徽人尤重之"的记载。地处山区的徽州为风水的盛行提供了有利的地理条件，历史上风水的两大派江西派与福建派均产生于江南的山区。在徽州村落中，风水是和营造及造园一起，与生活环境直接相关的三个最重要的方面。然在人与环境的关系上，其影响及作用远较营造和造园为大。求得与天地自然的和谐，以达趋吉避凶的目的，是风水的宗旨。

　　选址是风水极为注重的一个基本问题，村基在风水中称为阳基（坟地为阴基）。风水认为："阴阳二基之关盛衰大矣"。可见在风水观念之下，村落的选址具有重要意义。从历史上看，徽州几乎无村不卜。每一家族谱上，大都记载了其先祖卜居于某吉地而后家族繁衍之过程，即所谓"自古贤人之迁，必相其阴阳向背，察其山川形势"（乾隆《汪氏义门世谱》），卜居成为立村之基础。在选择村址的过程中，极重环境质量及其象征意义，即所谓"觅吉地"。朱子曰"择之不精，地之不吉"，因而引出一大套繁杂程序，大体为觅龙、点穴、观砂、察水这四个步骤。其实也就是对环境的观察与选择。卜地而居即意味着选择居住环境。歙县西溪南的吴氏始迁祖在定居西溪南之前，有三处村址供选择，经比较并根据基地的象征意义，吴氏始迁祖认为前两个村基于后世不利，而西溪南则能让"后世大昌，遂家焉"（明代《歙西溪南吴氏世谱》）。在这背后，"荫后"的观念，最具支配力量。

所谓村落选址，具体而言，即风水师对村落四周的总体环境如山水形势、走向、方位，以及与村的关系都作具体的观察和研究，并赋予特定的意义，形成了徽州村落总体环境上的一大特点。按风水观念，理想的村落总体环境应该是前有朝山、后倚来龙山，狮象或龟蛇山把守水口，河流、溪水似金带环抱等等。徽州村落总体环境基本上符合这一形势。

"背山面水"是徽州村落的基本格局，几乎无村例外。村落在山与水的环抱下，形成了一个良好的生活环境。所谓"背山"，即风水中的龙脉。为一村之依托，也是村落的希望所在。在村落构成上，好比脊梁。此外，来龙山脚往往是村落的发源地，徽州村落即多是从来龙山脚向外扩展的，如黟县宏村等。

以风水观择居，物质环境一般都较优越，尤其环境优美，同时也满足了人们精神上的寄托和对吉地的依赖感。然风水观念说到底还是一个吉凶观念，因而具有很大的制约力量，对村落结构的影响极大，其诸多禁忌对于乡土村落形态，既是一种观念法式，也是一条无形的锁链。

八、村落形态的文化内涵

图8-1 歙北江村村图

村落首先是社会的一个组织细胞，血缘、地缘、信仰三种结合力产生了相应的祠堂、社屋与庙宇，由此构成了乡土社会所特有的精神—物质环境。除祠堂、社屋和庙宇外，图中还标记了村中其他一些重要的文化性建筑。（摹自《歙北江村济阳江氏族谱》）

村落形态的文化内涵

图8-2 棠樾祠堂与牌坊
（歙县）

图为棠樾祠堂广场，侧立牌坊为一明代孝子坊（鲍灿孝子坊），旌表鲍灿为母口吮脓疽，坊右为敦本堂，俗称男祠，坊后为清懿堂，又称女祠。

作为一个成熟的文化体系，从形而上的观念和价值到形而下的实质环境，可视为一个完整的体系，相互间有着内在的关联。观念决定人们的生活方式并支配和影响相应的居住环境，这在乡土村落中尤为突出。其中以风水观念、民间宗教观念、宗法伦理观念和土地私有观念的表现最为显著，它们彼此间融合为一个整体显现在村落的实质环境之上，村落形式上因此蕴含了丰富的文化内涵。

在乡土社会中，信仰、血缘、地缘构成了人们之间的三种维系力，相对应地，庙宇、祠堂及社屋也就成为乡土社会的中心，由此形成层层相包的祭祀圈，就如同在自己的生活环境上设置了重重趋吉避凶的保护层以及相应的精神维系和寄托处，这才真正构成了乡土社会特有的精神——物质环境。

村落的发展史，同时又是村落间的相互竞争史。分别依血缘、地缘与信仰结成团体的村民，彼此间常有为风水而争斗之事，所谓"平时构争结讼，强半为此"（赵吉士《寄园寄所寄》）。在同村中族与族之间以及村落之间为了各自的利益与安全，彼此相互防范与攻击，互破风水就是一种典型的表现。互以镇物镇之、破之，又为避对方之镇物，在村落形态与建筑形象上加以修正与调整。村与村之间处于一种相互牵制的状态，如歙县呈坎因村南向的山峰间有吴家所设之镇物，因而整村将南向视为忌向。

在风水制约下的徽州村落中，人们再也无法从单纯的功能因果关系去解释和理解其村落形态和建筑形式了，在这里功利因素解释不了一切。以门为例，在风水体系中被比为气口的门，其形式、朝向和尺度再也不是以基本功能和生理需要为标准了，而主要是受控于风水观念。门本身在社会的约定和象征中，被赋予了独特的符号象征意义，其重要性甚至大于基本功能。在某些特殊情况下，基本功能有可能完全消失而仅保留着强烈的象征意义。实例可见于徽州村落中大量的假门、假窗和虽设而永不开的门。在这里感情因素被移入结构形体之中，对人们的身心同时发生作用。看似平常的风水符号，其中却浓缩、积淀着强烈的情感与欲望，也就是说，在人与环境的关系上，村落形式中积淀了文化的内容，而人们对村落形式的感受中则注入了想象和理解。

在风水这个体系中，其主要的意义表现在精神象征方面，而不是物质功利方面，人类

图8-3 假门（歙县呈坎）
在风水系统中，门是一最具象征意义的要素，其设置受方位法则的影响较大。或朝向不吉，或流年不利，都会产生斜门、假门和虽设而永不开之门的现象。图中此门似由于某种不吉因素（此门斜对于巷道），而被封死不用的。

"自始就在象征符号上放下比功利的形式更多的心力"（拉普卜特《宅形与文化》，中国建筑工业出版社，2007年）。相对于物质因素的作用，风水对村落环境的制约则显示出决定性的力量。在人与环境的关系中，风水所注重的基本上不是物质环境的好坏，而是与这一物质环境形式相对应的人类命运的吉凶。物质环境形式只不过是作为一个符号与人类命运的吉凶相关系，就像语言词汇可以把一个概念和一个实体物质联系起来一样，风水则把一个观念（如吉凶善恶）和一个具体的物质环境形式联系了起来，例如，一块"泰山石敢当"石置于特定的位置，其形象立刻传递了避凶的信息；斜门则暗示户主趋吉避凶的愿望。徽州村落就是这样一个充满"意义"的生活环境。

图8-4 斜门与山海镇（歙县呈坎）

抽象形式中有内容，感官感受中有观念，如山海镇和斜门一类的镇物及设置，在徽州村落中随处可见，构成了一种乡土社会独特的文化氛围。其斜门，以避不吉之向，其山海镇之寓意为"我家如山海，它伤我无妨"。

水口，是山区村落所特有的一个构成要素，其位置依村落的具体山水形势环境而定。处于万山中的徽州，群山环峙，使村落形成了四周较封闭的完整空间，水口就是这个整体空间的入口。"水口者，一方众水所总出处也"（《缪希雍葬经翼》）。一般地说，一进入水口，即进入了该村的界地和领域。所以说，水口是村落领域的限定要素之一，故又称"地之门户"（同上），具有重要的意义。根据"泄处宜收"的水口原理，水口一般都位于村落四周山脉的回转处及两山夹峙的山口上。随着山势的蜿蜒以及茂密树木和众多建筑的遮掩，形成了一个狭小的入口，容一条小路及溪水弯曲而过。因此，水口的设置恰成为村口屏障，分隔和界定着村内外两大空间和领域。沿路而进，渐趋开朗，展现出另一番天地。其局势真乃"从口入，初极狭，才通人，复行数十步，豁然开朗"（《桃花源记》），俨然一个桃花源。自称"桃花源里人家"的西递村水口最为典型。

水口同时也明显带有观念意义。所谓"水口盖局之大小、山之贵贱，咸于是乎别也"（《缪希雍葬经翼》）。依风水理论，"水口宜山川融结，峙流不绝"（《青乌经》），同时还要把守。水口两边的山，风水称作狮山、象山或龟山、蛇山，形成了狮象、龟蛇把门之势。理想的水口局势是："狮象蹲踞回互于水上或隔水山来缠裹，大转大折不见水去方佳"（《缪希雍葬经翼》水口篇）。看几个实例：

图9-1 西递村水口图（黟县）

水口是山村独特的构成要素，也是村周最重要的一个文化建筑的聚集点，形成所谓水口园林。其间亭台楼阁、小桥流水掩映于绿树丛中，其设置有：魁星楼、文昌阁、观音庙、凤山台、荷花池、遄飞亭、牌坊、路亭等。（摹自《西递明经胡氏壬派宗谱》）

图9-2 眺望西递村头
（黟县）（张振光 摄）
西递水口是西递村门户，位于距村约一里许的两山夹峙的山口水流处，其间小路和水溪，随山势蜿蜒屈曲而入，转过水口，顿时豁然开朗，田园村落展现于眼前。眺望村头，是一片灰瓦白墙及高耸的牌坊（明代胡文光刺史坊）。

桂溪村"群峰环翠之流潆回，林木茂盛，土地肥美，中夷广而外扼"，"外扼"指的即是水口处的局势。

黄田村"近两山环拱，成狮、象形，堪舆家谓守门户，口隘而腹。客初至，疑无路达，不知中聚落稠甚"，这是相当典型的水口。

婺源思口延村的八景之一为"狮象把门"，指的即是其村水口景致，进此狮象所把之门，就是延村地界。

水口又是村落空间序列的起始，沿路而进，牌坊及牌坊群则起了很好的引导及传达意义的作用。如歙县棠樾村的牌坊群以忠、孝、节、义的顺序依次排列，不仅引导了进村的路线，同时也创造了特定的环境气氛。

水口同时还是一村之标志及风景观赏点（水口园林），树木及亭台楼阁甚多。水口的

图9-3 棠樾村牌坊群（歙县）

由水口而入，往往是牌坊指示和引导了进村的
路线，这在徽州村落中多见，棠樾村牌坊群是
最典型之例。棠樾村口牌坊群一共七座，顺序
排列，由村口一直引至男祠敦本堂前。

设置和布局，在很大的程度上是基于风水的"障空补缺"的概念。风水有言："障空补缺只可施之砂水及水口。或加培补，或植树木"及"水口处宜境崇"等。水口处树木尤多，即主要是出于风水上保全生气的目的。所谓"堪舆家示人堆砌种树之法，皆所以保全生气也"。水口的设置，相应地形成了徽州村落特有的人文景观。桂溪村水口诗曰"百仞横岗抱，双流合涧斜。谁知深谷里，鸡犬隐千家"（《桂溪项氏族谱》），很形象地描绘了水口的景致特色及其形势和功用。

风水在水口上的处理很有效地改善了村落的环境及景观，形成了"绿树村边合，青山郭外斜"的村落总体环境的特征。以现代标准观之，它在空间的内外层次的过渡、领域的区分、空间的序列等方面的处理都是相当成功的，达到了很好的实用及艺术效果。

十、住宅的布局与营建

在乡土社会中，住宅历来极受重视，并被赋予了独特的象征意义，所谓"夫宅者，乃阴阳之枢纽，人伦之轨模"（《黄帝宅经》），"地善即苗茂，宅吉即人荣"（《三元经》）即是。住宅以其贴近生活的特性，成为人们价值观念和生活方式的最重要的载体和反映。徽州村落住宅即表现得十分典型。

在住宅布局上，定点与定向是关键性的第一步。徽州村落的住宅，正是风水观念赋予了其定点与定向的依据，从而使得村中绝大多数建筑具有相当的一致性。据统计，住宅方向以偏西南者为多，其原因之一在于徽州三面山峰环抱，仅在西南山脉处留有较少的缺口，因此

图10-1 斜门与石敢当
（歙县渔梁）
歙县渔梁某宅，坐北朝南，面对紫阳山，门前为一河流。由于用地限制，宅门正对紫阳山一孤立巨石，风水认为不祥，故在门前置一"石敢当"镇之，同时将门偏斜，朝向紫阳山峰这一吉方，所谓趋吉避凶。

図10-2 某宅中堂设置（黟县西递）
面对天井的中堂是徽州住宅的核心所在，此处亦是一家
置其神主牌位及行相应仪礼的重要场所，中堂正壁一般
多挂先祖画像。

以此向为吉。所谓的方位规则，是徽州住宅布
局和营造上的强有力的制约因素。正是方位独
特的象征意义，使之获得了如此的力量，其表
现在徽州村落住宅上随处可见。

　　风水的生气观念使民宅得以定点和定向，
而伦理观念也同样需要一个定点，以定出民宅
中置神主牌位的厅堂位置；同时也需要一个定
向，以满足位序上的方向感和仪式感。其定点
加上定向，便分辨了纵向空间的内外层次与横
向空间的正偏层次。不同的观念可同样并行不
悖地统一融合于民宅的布局构成上。

住宅的布局与营建

一颗印的住宅形式，在徽州村落已达高度的程式化，即以天井——中堂为构成核心的对称规整的三合院式。而相对于住宅单元程式化的是住宅单元组合布局的多样化。徽州村落民宅不论其多复杂，但其构成总不外乎一个或一个以上的三合院单元的组合。同时也可以看出，在单元组合布局上，具有很灵活的生长机制。所谓大邸宅的构成，实际上是更多基本单元纵横向的连接与组合。这种构成特性决定了徽州民宅具有灵活的延伸性或展开性。三合院的形式可以说是徽州村落中所有建筑的基本构成元素和细胞。以之为基本单元，通过串联和并联的层层相抱及组合，形成住宅组团，组团间再以一定的原则及规式相组合，村落的总体形态就形成于这个过程之中。

图10-3 天井中庭

（黟县关麓村）

宅内上下厅屋与两侧的厢廊，围合成狭小的天井空间。封闭内向型的徽州民居，以此天井为采光通风的要口，天井四周屋面雨水内聚会于天井，徽人谓之"聚财气"。

图10-4 住宅外观形象（黟县西递）

在外观造型上，正立面造型最讲求均衡对称，天井上方的南面围墙，较其他处降低下来，既丰富了造型，也加大了天井的采光量。

住宅中门的方位和形象是尤受关注的一个重点。阳宅中的"三要"及"六事"，都把门作为一个要素，门有特殊的精神象征意义。故有所谓"宁为人立千坟，毋为人安一门"（《阳宅大全》）之说。徽州村落中大量的假门、斜门等现象，正是这种禁忌吉凶观的反映和表现，如所谓"祸绝之方，开门不利，虽造假门，永不宜开"（《新安徐氏统宗祠录》）。

在住宅营造上，更具意义和特色的表现是其营建过程中从头至尾充满的禁忌与仪式。许多禁忌和仪式虽与营造本身并无直接关系，但从中却表露出了人们的观念意识。住宅禁忌虽表现种种，最终还是一个人与环境关系的问题。禁忌是一种恐惧，采取的往往是消极回避的方法，即所谓趋吉避凶。如符镇与镇物的运用和设置即是其一。在乡土社会中，禁忌的力量是巨大的，以至成为一种行为规范和准则。乡土村落建筑在形态、造型、比例、布局及尺寸上的类似与接近，大都与此禁忌的制约相关。在禁忌的力量下，一个为团体所公认的模式，造成了形式上的强大持久力和相应的地域性特征。所以一般说来，乡土村落建筑的保守性与因袭性的主要原因并非在于经济上的落后，而是在于观念因素之上，其中吉凶禁忌观念最为重要。对此，我们从徽州村落住宅上就能有充分认识与体会。

在徽州乡土村落中，住宅犹如一个小宇宙，成为人们生活居住形态的缩影。

图10-5 石敢当（歙县渔梁）
泰山石敢当，主要对有巷道来冲者及不吉方用之。村落中常以此类符镇法来解决住宅间相互牵制关系中的难以消除的矛盾，然符镇法始终是风水中无奈的下策，"泰山石敢当"石即是最常见的符镇之一，它们给乡土村落带上了特有的风貌。

十一、别具一格的徽派建筑

徽州建筑以其形式与风格上的鲜明个性，形成了独具一格的徽派建筑特色。正如同徽州文化的形成一样，徽派建筑在形成和发展过程中也融汇和吸收了其他地区建筑的特色。在结构形式上，徽州建筑融穿斗式与抬梁式于一体。别致的月梁、插栱、瓜柱、斜撑、梁头、平盘斗等构件，皆极具特色。

徽州"人家多楼上架楼，未尝有无楼之屋也。计一室之居可抵三室，而犹无尺寸隙地"（《五杂俎》），此言徽州地狭人稠，住屋非楼不足以需。徽州住宅多为二层，也有三层者。其早期民宅的二层比底层要高，厅堂设于上层的中间。其后住宅中心渐由楼上移至楼

图11-1 棠樾黄家宅外观
（歙县）
徽州民居建筑的凝重质朴的印象，大多来自于其外观形象，高耸封闭的山墙，灰白相间的色调，朴实无华的整体形象，由此所形成的整体感受，让人难以忘怀。图示黄宅外观，即很典型。

图11-2 民宅外观
（黟县关麓村）/对面页
方正严整、封闭内向和素朴简洁，是徽州民居外观上重要特色。其活泼灵性则主要表现在丰富的山墙形式和精致的入口雕饰上。

下，相应地其底层空间也逐渐加大，并最终形成了徽州建筑空间最为重要的一个特征：以底层中堂与天井的结合为构成核心。

天井应该说是中国建筑的一个普遍性特征，然徽州民宅中的天井，又有其强烈和独特的个性。其天井并不大，或可以说很小，平面狭长。在高耸外墙的封闭中，厢廊堂屋环抱着天井，敞厅与天井相融一体。从深而窄小的天井上方洒下的顶光，形成强烈的明暗反差，照墙将光线反射向幽暗的室内，面向天井的敞厅由此变得明亮而柔和，充满安详、静谧气氛。由天井处抬头仰视，四周高高伸出的幽暗屋檐，裁出一方块明亮的天空。深井一般的天井，置身其中真有坐井观天的感受。为防火防盗，徽州住宅四周高墙上不开窗或开小窗，宅内采光通风皆由天井。天井的作用和性格于此中表现得淋漓尽致。

民居、祠堂、牌坊，并称为徽州古建三绝，三者最能代表徽派建筑的精华和特色。在形式与风格上，民居的丰富与素朴，祠堂的庄重与富丽，牌坊的高耸与威严，皆予人以深刻的印象和感受。方正严整和封闭内向，是徽州民居及祠堂构成上的一个显著特征。而造型独特的高耸马头山墙，则以其高低错落起伏的丰富变化，为之增色，别具韵律感。至于整片的白墙则显得简洁质朴，仅在入口处巧饰以精致的门罩以求变化和趣味。在色彩上白墙灰瓦与青山绿水相映衬，更是自然素美。

图11-3 巷道（歙县呈坎）
漫步于村中，这里的高墙深
巷是那么地幽暗和沉重，狭
窄的石板路在两壁高耸的小
巷中蜿蜒，静寂的小巷深
处，沉睡恍如隔世，令人不
禁生出许多感受。

图11-4 高墙深院（歙县呈
村降）
封闭内向的民宅，高大的山
墙交错跌落，墙上点缀着几
个极小的窗，这些小窗砖饰
格外醒目，令整体构图亦显
得活泼起来。外表简洁朴
实，仅在入口处饰有砖雕门
罩，该宅为角入口的形式，
入口处设一极小的院子。

遍布徽州乡村的石牌坊，则是徽州历史文化的见证。其种类之繁多，造型之丰富堪称一绝。作为程朱故乡的徽州，提倡"孝道"、"节烈"的表现尤为突出。所谓"孝友廉行，割肝伐臂者不可胜计"（民国《歙县志》）。而妇女则深受"饿死事小，失节事大"之害，故"新安节烈最多，一邑当他省之丰"（《寄园寄所寄》），遍布各村的"节孝坊"和"贞节坊"即是见证。如歙县棠樾村口的牌坊群，即旌表的是"忠、孝、节、义"。其他的如状元坊、刺使坊、四世一品坊等等众多牌坊，都各自记载了徽州历史上的一幕。徽州牌坊堪称一部石头的史书。

图11-5 西递民宅外观（黟县）
这是别具特色的徽派民居建筑，风格、造型独特而优美，白云蓝天、青山绿水与灰瓦白墙构成一种和谐安宁与质朴淡雅的境地，正是西递人自称的"桃源人家"。

别具一格的徽派建筑

筑境 中国精致建筑100

图11-6 雨中望石步坑村（歙县）/上图
透过迷濛细雨遥望掩映于群山中的小山村，油然生出一
种纯朴幽静的韵味和感受。

图11-7 棠樾牌坊群（歙县）/下图
棠樾牌坊群，徽州牌坊代表之例，一共七座，为分别旌
表棠樾鲍氏"忠、孝、节、义"之坊。其中明代两座，
清代五座。在式样上，徽州牌坊大分为冲天式和楼盖式
两类，牌坊群前五座清代石坊为四柱三楼冲天式，后两
座四柱三楼楼盖式石坊，为明代所建。

图12-1 西园石雕漏窗（黟县西递）
村中院墙上丰富多彩的景窗漏窗和雕刻装饰，充满和洋溢着浓厚的文化气息和园林化情调。石雕是徽州闻名的三雕之一，多用于景窗雕饰上，形式手法多样，黟县西递村中尤为丰富。

徽州村落建筑的艺术风格有其独特的表现形式，闻名的"三雕"装饰艺术，即是其典型和精华所在。所谓"三雕"，即徽派木雕、石雕、砖雕。徽州地处山区，木材、石料丰富，雕饰工艺精湛。清人钱泳在《履园丛话》中即曾提及"雕工随处有之，宁国、徽州最盛亦最巧"。在徽州村落的各类建筑上，雕刻装饰无处不在。其雕工精美，构思巧妙，造型丰富，不愧"最盛亦最巧"之称，形成了独具特色的徽雕装饰艺术风格，三雕成为明清徽派建筑艺术的最具特色的表现。

徽州建筑装饰艺术的风格特色，概而言之，即其显著浓厚的雕饰化倾向和情趣。正是

图12-2 雕刻彩画（歙县大学士坊）／上图

明代万历十二年（1584年），为旌表朝廷重臣歙县人许国建此坊。该坊的重要特点之一即是其以精致的雕刻表现牌坊横枋上的彩画形式，充分表现了徽州石雕的技艺和特色。

图12-3 明代老宅（歙县呈坎）／下图

徽州目前还保存有一定数量的明代住宅，其风格古朴，做法简洁，图为某明代住宅柱头插栱、冬瓜梁以及二楼沿天井四周的栏板，是徽派建筑的典型做法。后期清代住宅则较之有了相当的变化，尤其是装饰化的倾向趋于显著。

精雅的『三雕』

筑境 中国精致建筑100

图12-4 构件雕饰（歙县郑村某祠堂）/上图

徽州建筑的个性，在很大程度上表现在其装饰细部的处理上。构件的雕饰化，成为其最重要的特色，月梁圆浑硕壮，故又称冬瓜梁，形如新月的梁眉则更是别致，再如雕花墩木、梁头，以及栱眼雕花等，也都颇具新意。

图12-5 呈坎宝纶阁彩画（歙县）/下图

宝纶阁，即东舒祠，明代万历年间御史、大理寺丞罗应鹤为纪念其先祖元初隐士罗东舒而建，也称前罗祠堂，其上为藏置圣旨纶音之阁，现统称宝纶阁。由于其独特的性质，彩绘装饰极为华彩富丽，这是明代民间彩画的重要实例。

图12-6 关麓村长窗（黟县）
关麓村某宅整面长窗，形式丰富，雕刻精致，极富装饰性。这类室内小木装饰，在徽州大宅中，运用甚为普遍。

雕刻艺术形成了徽派建筑别具一格的装饰趣味和鲜明个性。在建筑上，外部雕饰以石刻砖雕为主，其重点部位之一是门罩门楼。精巧的石刻砖雕，极富装饰趣味，尤其是大型祠堂和宅第的门楼，更是华彩富丽。而庭院墙上漏窗和花窗，则是石刻砖雕的另一集中表现处，各种窗花形式，极尽变化，别有情趣。尤为称绝的石雕技艺则表现在石牌坊上，其彩画以石雕的形式表现，精雕细镂，别具趣味，这也构成了徽州牌坊的一个重要特色。

在室内装饰表现上，则更多地采用木雕彩画的形式，所谓画栋雕梁者，其实何止雕梁，其雕刻装饰对象几乎遍及所有的露明构件，如雕月梁、雕饰单步梁、雕花叉手、雕花替木、云栱及雕花墩木、梁头和鹰嘴瓜柱等，皆极为精美。而在室内小木装修上，雕刻装饰更是繁多和考究，具体如雕制精巧的门窗、隔扇、栏杆、美人靠挂落、屏罩等，尤其是其窗下所设雕花窗栅及二层美人靠栏杆，形式丰富，最是精巧别致，极具魅力。

图12-7 民宅室内装饰
（黟县关麓村）
图为关麓村某宅室内小木
装修一角，甚为丰富，有
长窗、短窗、窗棚、飞罩
等，精巧别致，玲珑剔
透，其素木雕饰手法，尤
具特色。室内露明小木构
件，都是装饰的重要部
位，尤以隔扇格窗为甚。
其形式早期的多为方格、直
棂，清以后则由简趋繁。

在建筑装饰上，当时的徽商尽管富有，但由于受到当时等级制度的限制，故虽难于在金碧辉煌上尽兴，却在秀丽精美上取胜，徽州"三雕"上所表现的精雕细镂和增繁弄巧，即是其用心所在，由此形成了独具特色的徽式装饰趣味。

以徽州"三雕"为代表的建筑装饰艺术，表现的是一种雕琢美和装饰趣味，这是徽州村落建筑美的一种表现形式。而崇尚优雅，亦是徽人审美情趣的另一侧面，历史上徽州即有文风繁盛、情趣高雅之誉，如《五杂俎》称："新安人近雅"。而徽州人这种尚雅的审美情趣，也都对建筑的艺术风格有不可忽视影响。然最令人感受至深的还是徽州村落建筑从整体上给人的一种独特的美感，这是与其独特的风土相交融和映衬的，若在春季的徽州，远山青黛，山脚下一片金黄色的油菜花，散落的民宅点缀于青山绿水黄花间，仿佛画中。最是细雨

图12-8 黟县西递室内木雕装饰

此为西递某宅木雕饰品的局部，描写的是亭台楼阁景致。徽州民宅中这类装饰，追求的不是色彩华丽，而以题材丰富和雕刻精致为特色，所谓避豪华而求精美，亦极富装饰性。

濛濛的时节，山坳中的村落，灰瓦白墙、袅袅炊烟伴着远山近水都融入一片迷濛之中……体验过徽州村落和建筑的人，都会深深地为这种独特的美所感染，而这种美又不仅仅是一种外在的形式美，更主要是来自于孕育了这种村落建筑的风土文化所独具的魅力。其明媚的山水景色、深厚的历史内涵和幽寂的情趣韵味融为一个整体，尤让人体验品味。特别是当我们深入到徽州历史文化中去后，这种感受会更多，体验会更深。

徽州乡土村落的启示

⊛ 筑境 中国精致建筑100

图13-1 昔日余晖
（黟县西递）
徽州乡土村落，历经沧桑，
地域风土、传统文化与相应
的生活和居住形态作为一个
完整的存在仍留存至今，至
为珍贵，虽昔日的余晖尚
存，然也已露衰败荒芜的景
象。如图是黟县西递村一角
的景象，西递村在徽州尚属
保存最好的村落之一，这些
都是亟待保护的文化遗产。

徽州历史，源远流长；徽州文化，独具特色。徽州山水，明媚秀丽；徽派艺术，异彩纷呈。徽州村落是乡土文化的一颗明珠。上文主要从村落建筑及环境这一角度进行了考察，从中亦获甚多认识和启迪。我们可以看到，历史上对人与环境关系的探讨与实践，始终是贯穿于生活中的一个主题。随着历史的发展，人与环境的关系又进入了一个新的阶段，并且又几乎成了各有关学科一致的焦点，如人类生态学、建筑环境科学、环境心理学等。尤其从建筑学的发展中可以看出人们的这种心态。对于历史上关于人与环境关系所作的各种努力及其传统，当今重要的在于反思与扬弃。创造出符合时代精神的生活环境则是我们所追求的最终目的。我们的理想是：人与天、自然与社会、物质与精神必须作为一个和谐统一的有机生命的整体存在，这将是指导我们创造今天和将来生活环境的永恒精神。而徽州乡土村落正给了我们有益的启迪。

徽州灿烂的历史文化已广为人们所注目，研究日多。徽学的形成，即是其一个标志。而作为徽学内容之一的徽州村落建筑的研究，也日益为人们所重视，就全国而言，对一特定地域乡土村落建筑展开如此集中和深入的研究，似还少见。徽州是我国目前古代村落建筑遗存最完整和丰富的地区之一，对于徽州村落建筑这样一份宝贵的古代文化遗产，需要我们的大力保护。虽然各方面作了许多努力，然似还不尽人意。相信随着徽州文化的意义和价值逐渐为世人所认识，终将促使更多的人去保护和研究。

徽州文化是多少代人的理想和努力所筑成，其蕴涵深厚，令人向往。明代戏曲家汤显祖即以这样的诗句表达了其无限的向往之情：

图13-2 西溪南老屋阁（歙县）
老屋阁，位于歙县西溪南村，为一座明代中期的住宅，是徽州明代住宅的重要代表实例。目前徽州地区仍保存着许多明代老宅，十分珍贵，重要的大都以保护和维修，歙县潜口还专门建有徽州古建筑博物馆。

图13-3 黟县宏村民居（张振光摄）/后页

"一生痴绝处，无梦到徽州。"

大事年表

朝代	年号	公元纪年	大事记
		公元前222年	秦始皇统一六国，分全国为三十六郡，徽州置黟、歙二县。明清时期的徽州地区，基本上就是古代黟、歙二县的地域
唐	大历五年	770年	州领六县，确立了此后一千余年的"一府六县"建置的基础
北宋	元丰年间	1078—1085年	徽州明经胡氏壬派五世祖从婺源迁至黟之西递，是为西递始祖，古黟中有"墟落此第一"的美称
	宣和三年	1121年	徽州在隋开皇九年以前，称新安郡，唐肃宗时易名歙州，宋徽宗宣和三年改歙州为徽州，沿用至清
南宋	淳熙二年	1175年	歙县呈坎人修成《新安志》，这是安徽唯一的一部宋代志书。《新安志》十卷，在志书中评价甚高
	绍熙元年	1190年	黟县宏村汪氏始祖，选定雷岗之阳，"藏谱牒祖像，卜筑数椽于雷岗之下"，是为宏村之始。宏村始建，至今已有八百余年
明	永乐年间	1403—1424年	休宁海阳镇地理师何可达规划宏村水系，"巧工追琢，十载治成"
	景泰七年	1456年	歙县西溪南绿绕亭，明代重建，明文人祝枝山有"东畴绿绕"诗，以咏绿绕亭畔风光
	嘉靖年间	1522—1566年	嘉靖十三年，为旌表孝子鲍灿，歙县棠樾立鲍灿孝子石坊，其东面的慈孝里坊明初建，后又重修。清乾隆、嘉庆年间，又续建五座牌坊，形成棠樾七座牌坊群
	万历十二年	1584年	歙县山城建许国石坊，俗称八脚牌楼
	万历年间	1573—1620年	歙县呈坎乡罗氏为尊供圣旨和收藏御赐珍品，修建宝纶阁，其阁宏伟富丽
清	乾隆年间	1736—1795年	歙县唐模村修建檀干园，俗称小西湖，园依山傍水，风景秀丽

图书在版编目（CIP）数据

徽州乡土村落/张十庆撰文/摄影.—北京：中国建筑工业出版社，2014.10
（中国精致建筑100）
ISBN 978-7-112-17025-8

Ⅰ.①徽… Ⅱ.①张… Ⅲ.①村落-建筑艺术-徽州地区-图集 Ⅳ.① TU-862

中国版本图书馆CIP 数据核字（2014）第140619号

◎中国建筑工业出版社

责任编辑：董苏华 张惠珍 孙立波
技术编辑：李建云 赵子宽
图片编辑：张振光
美术编辑：赵 清 康 羽
书籍设计：瀚清堂·赵 清 周伟伟 康 羽
责任校对：张慧丽 陈晶晶 关 健
图文统筹：廖晓明 孙 梅 骆毓华
责任印制：郭希增 臧红心
材料统筹：方承艺

中国精致建筑100

徽州乡土村落

张 | 庆 撰文/摄影

中国建筑工业出版社出版、发行（北京西郊百万庄）

各地新华书店、建筑书店经销

南京瀚清堂设计有限公司制版

北京顺诚彩色印刷有限公司印刷

开本：889×710 毫米 1/32 印张：3 插页：1 字数：125 千字
2015年9月第一版 2015年9月第一次印刷
定价：**48.00**元
ISBN 978-7-112-17025-8
　　　（24375）